Bibliografische Information der Deutschen Nationalbibliothek:

Die Deutsche Bibliothek verzeichnet diese Publikation in der Deutschen National-
bibliografie; detaillierte bibliografische Daten sind im Internet über http://dnb.d-
nb.de/ abrufbar.

Impressum:

Copyright © 2008 GRIN Verlag, Open Publishing GmbH
Druck und Bindung: Books on Demand GmbH, Norderstedt Germany
ISBN: 9783640616596

Dieses Buch bei GRIN:

http://www.grin.com/de/e-book/150433/enzyme-versuchsprotokoll-aus-einem-
pflanzenphysiologischen-praktikum

Christoph Böhm

Enzyme. Versuchsprotokoll aus einem pflanzenphysiologischen Praktikum

GRIN Verlag

Johannes Gutenberg-Universität Mainz

Biologisches Institut

Pflanzenphysiologische Übungen

Protokollant: Christoph Böhm

<u>**Versuchsprotokoll**</u>

<u>**Versuch 3. „Enzyme"**</u>

V 3a Biokatalyse am Beispiel der Katalasewirkung

1. Einleitung

Es gibt viele chemische Reaktionen, die nur mithilfe eines Katalysators ablaufen. Der Katalysator setzt die Aktivierungsenergie einer chemischen Reaktion herab und beschleunigt somit deren Geschwindigkeit und Gleichgewichtseinstellung, ohne jedoch die Gleichgewichtslage zu verändern. Ein Katalysator geht immer unverändert aus einer Reaktion hervor. In Organismen fungieren die Enzyme als Biokatalysatoren, die mit ihren Substraten Enzym-Substrat-Komplexe bilden, woraus dann ein Komplex aus Enzym und Produkt entsteht, der anschließend in Enzym und Produkt zerfällt und dieses somit freisetzt.

In diesem Versuch wird die Wirkung eines Enzyms am Beispiel der Katalase demonstriert, welche das schädliche Wasserstoffperoxid spaltet.

2. Material und Methode

1) Als erstes wurde aus 20 ml 30%iger H_2O_2-Lösung und 80 ml Aqua dest. eine 6%ige H_2O_2-Lösung hergestellt. Dann wurden 10 ml dieser Lösung in einen Erlenmeyerkolben gefüllt und mit einer Spatelspitze Mangen(IV)-oxid versetzt. Nachdem eine deutliche Gastentwicklung zu erkennen war, wurde die Glimmspanprobe durchgeführt.

2) Für den zweiten Teilversuch wurden 50 g ungeschälte Kartoffeln gewürfelt und in einem Erlenmeyerkolben mit den restlichen 90 ml der H_2O_2-Lösung versetzt.

Nachdem eine deutliche Schaumbildung eingetreten war, wurden einige Tropfen Octanol zugesetzt, um den Schaum aufzulösen. Anschließend wurde auch hier die Glimmspanprobe durchgeführt.

3. Ergebnisse

Sowohl beim ersten als auch beim zweiten Teilversuch ist die Glimmspanprobe positiv ausgefallen, d.h. bei beiden Reaktionen konnte Sauerstoff nachgewiesen werden.

4. Diskussion

Da bei beiden Reaktionen Sauerstoff entstanden ist, muss das Wasserstoffperoxid zersetzt worden sein. Wasserstoffperoxid ist bei Zimmertemperatur metastabil, d.h. seine Zerfallsgeschwindigkeit ist sehr gering. Deshalb kann es nur durch Erhitzen oder mithilfe eines Katalysators zersetzt werden. Da in unserem Versuch die Temperatur stabil war, muss die Reaktion im ersten Teilversuch durch den Katalysator Mangan(IV)-oxid und im zweiten Teilversuch durch das Enzym Katalase, das in Kartoffeln vorhanden ist, gemäß der Gleichung $2\ H_2O_2 \rightarrow 2\ H_2O + O_2$ zersetzt worden sein. Der Versuch zeigt, dass Wasserstoffperoxid sowohl von einem anorganischen Katalysator (Mangan(IV)-oxid) als auch von einem Biokatalysator (Katalase) abgebaut werden kann.

V 3b Phenoloxidasen

1. Einleitung

In diesem Versuch soll die Funktion der Phenoloxidasen unter verschiedenen Gesichtspunkten untersucht werden. Phenoloxidasen sind meistens in den Plastiden lokalisiert, während ihr Substrat in den Vakuolen vorliegt. Wird die Zelle nun so verletzt, dass Vakuolen und Plastiden beschädigt werden, so kommen Phenoloxidase und ihr Substrat zusammen. Die Phenoloxidase oxidiert dabei je nach Typ unterschiedliche Phenole in die entsprechenden, teils farbigen, Chinone. Diese Chinone wirken vermutlich funghi- und bakterizid. Die Dunkelfärbung von verletzten Pflanzenteilen beruht auf einer nicht-enzymatischen Weiterreaktion der Chinone in Melanine.

Phenoloxidasen sind relativ unspezifisch. In ihrem aktiven Zentrum befindet sich 2-wertiges Kupfer und sie sind mit den Hämocyanen verwandt.

In dieser Versuchsreihe sollte die Phenoloxidase der Kartoffelknolle im ersten Versuch gehemmt werden. In den folgenden Versuchen wurden noch Denaturierungserscheinungen durch Hitze und niedrigen pH-Wert untersucht. Als Substrat wurde hierbei DOPA verwendet, die Hemmung geschah mit Natriumdiethyldithiocarbaminat.

2.1 Nachweis und Hemmung der Phenoloxidasen in vitro

1. Material und Methode

Als erstes wurden 25ml einer Lösung hergestellt, die 10^{-2}mol/l DOPA in Phosphatpuffer (pH 7,5) enthielt.

Diese wurde zu je 5ml auf 3 Reagenzgläser aufgeteilt. Danach wurde in Reagenzglas b) 1ml des Enzymhemmer Natriumdiethyldithiocarbaminat-Lösung gegeben. Dann wurden in Reagenzglas a) und b) ein Kartoffelextrakt (50g geschälte Kartoffel mit Phospatpuffer gemixt und filtriert) hinzugegeben. Reagenzglas 3 verblieb als Kontrollprobe ohne Zusatz.

2. Ergebnisse

Reagenzglas a): Die Lösung verfärbte sich zunächst komplett dunkel. Nachdem sie über einige Stunden gestanden hatte, entfärbte sie sich weitgehend und eine dunkle Schicht setzte sich an der Oberfläche ab. Durch Schütteln konnte diese Schicht wieder aufgelöst werden, so dass die Lösung wieder dunkel wurde.

Reagenzglas b): Die Lösung wurde durch Zugabe des Extraktes leicht milchig, verfärbte sich jedoch nicht wie Reagenzglas a). Die Farbe änderte sich über die gesamte Versuchsdauer nicht und behielt die gleiche Farbe wie Reagenzglas c).

Reagenzglas c): DOPA Kontrolllösung; Es war keine Verfärbung zu beobachten.

3. Diskussion

Die Verfärbung in Reagenzglas a) deutet die Anwesenheit von Phenoloxidasen an, die das DOPA (ein Diphenol) zunächst in das dazugehörige Chinon umgewandelt hat:

DOPA (3,4-Dihydroxy-L-phenylalanin)

2-Amino-3-(3,4-benzochinon)propansäure

Dieses Chinon kann nicht-enzymatisch mit dem Luftsauerstoff zu braunschwarzem Melanin weiterreagieren, was wir in diesem Versuch beobachten. Damit erklärt sich auch, warum die dunkle Schicht an der Oberfläche auftritt, denn hier ist der meiste Luftsauerstoff verfügbar.

2.2 Verfärbung des Extraktes beim Stehenlassen

1. Material und Methode

In diesem Versuchsteil wurde je ein Teil (5ml) des Kartoffelextraktes aus Versuchsteil 1 in Reagenzglas d) und der andere in ein flaches Schälchen gefüllt und über die Kurszeit hinweg beobachtet.

2. Ergebnisse

Die Lösung ist zunächst gelblich und trüb, wird aber direkt beim Hantieren innerhalb von Minuten dunkler. Die Lösung im Reagenzglas wurde innerhalb einer Stunde sehr dunkel, nach zwei Stunden (vgl. Abb. 1) ist die Lösung größtenteils gelblich trüb und an der Oberfläche hat sich ähnlich wie in Versuchsteil 2.1 eine dunkle Schicht gebildet.

In dem großflächigen Schälchen ist die Lösung bereits seit dem Eingießen durchgehend dunkel (Abb. 2). Es lässt sich keine Phasenbildung beobachten.

3. Diskussion

Die dunkle Farbe wird durch die im Kartoffelextrakt enthaltenen Phenoloxidasen verursacht, die diverse Phenole in Chinone umsetzen, die wiederum selbstständig zu den farblich dunklen Melaninen weiter reagieren. Durch das Mixen wurden die Zellen und ihre Organellen stark verletzt, so dass aus den Vakuolen die phenolischen Verbindungen austreten konnten, die mit den aus den zerstörten Plastiden austretenden Phenoloxidasen in Wechselwirkung treten. Die Umsatzprodukte sind die schon erwähnten teils farbigen Chinone bzw. die aus ihnen hervorgehenden farblichen Melanine, die wir beobachten. Da für diese Reaktionen molekularer

Sauerstoff nötig ist, treten diese Reaktionen hauptsächlich an Stellen auf, die mit molekularem Sauerstoff in Kontakt kommen. Daher verfärbt sich in dem Reagenzglas hauptsächlich die Oberfläche dunkel während in der Schale die Flüssigkeit mit einer größeren Oberfläche in Kontakt mit dem molekularen Luftsauerstoff tritt. Eine vergleichbare Reaktion lässt sich z.B. bei einem angebissenen, dunkel anlaufenden Apfel beobachten.

2.3 Hitzeempfindlichkeit der Enzyme

1. Material und Methode

Von dem bereits für die vorigen Versuchsteile hergestellten Kartoffelextrakt wurden etwa 2ml in Reagenzglas e) fünf mal aufgekocht. Von diesem aufgekochten Extrakt wurden 0,1ml mit 5ml DOPA Lösung gemischt.

2. Ergebnisse

Die Lösung wurde komplett dunkelgrau und war weitgehend klar. Allerdings ließ sich keine dunkle Schicht an der Oberfläche beobachten, wie sie bei den anderen Versuchsteilen beobachtbar war.

3. Diskussion

Durch das Erhitzen werden Proteine denaturiert, da die Moleküle durch die Energiezufuhr derart ins Schwingen geraten, dass sich einige Bindungen wie Wasserstoffbrückenbindungen, Disulfidbindungen und hydrophobe Effekte lösen, was zu einer Konformationsänderung führt und somit die Funktion der Enzyme stört. Dabei werden häufig die im Inneren des Proteins gelegenen Abschnitte nach außen gekehrt. Die Proteine sind nicht mehr löslich und fallen aus. Kovalente Bindungen werden hierbei nicht getrennt und die Primärstruktur bleibt erhalten. Hitzedenaturierungen sind oft reversibel, wobei hier die Einwirkzeit und die Höhe der Temperatur entscheidend und für die einzelnen Enzyme unterschiedlich sind.

Nach den Versuchsergebnissen zu urteilen wurde in der Lösung das DOPA umgesetzt. Nach der Denaturierung durch Hitze sollte man eigentlich vermuten, dass die Phenoloxidase nicht mehr aktiv ist. Es ergeben sich daher 3 Möglichkeiten:

1. Die Phenoloxidase wurde nicht lang genug erhitzt und ist daher nicht vollständig denaturiert und war noch funktionsfähig.

2. Die Denaturierung war reversibel und nach dem Abkühlen kehrte sie von dem denaturierten Zustand in die funktionsfähige Form zurück, sodass DOPA umgesetzt werden konnte.
3. In der Extraktlösung herrschen Bedingungen, die DOPA reagieren lassen, wobei Enzyme keine größere Rolle spielen.

Punkt 3. Würde allerdings mit Versuchsteil 1 kollidieren, wenn man dort davon ausging, dass die Enzyme durch Natriumdiethyldithiocarbaminat gehemmt werden, was sich in dem Versuch auch demonstrieren ließ.

Um dies zu klären, müsste man das Erhitzen verstärken oder verlängern. Wenn der Versuch dann immer noch eine Verfärbung zeigen würde, könnte man davon ausgehen, dass die Phenoloxidasen wirklich durch Hitze reversibel denaturierbar sind. Wir können aus diesen Beobachtungen immerhin schließen, dass die Phenoloxidasen ziemlich hitzestabil sind und sich mit Hitze kaum oder zumindest reversibel denaturieren lassen.

2.4 Enzymdenaturierung durch Säure

1. Material und Methode

1ml Kartoffelextrakt wurde in Reagenzglas f) mit 1ml 100%iger Essigsäure zusammengegeben.

2. Ergebnisse

Die Lösung wurde milchig weiß und trüb. Nach dem sie einige Minuten stand, wurde sie nach unten hin trüber. Am Ende des Kurstages hatten sich zwei Phasen gebildet. Die eine bestand aus einem milchig weißen flockigen Niederschlag, darüber setzte sich eine farblose, klare Phase ab.

3. Diskussion

Durch das Einwirken der Säure wurden die im Extrakt enthaltenen Proteine denaturiert, koagulierten und fielen als flockiger Niederschlag aus. Die Säure bzw. die von ihr freigesetzten H^+-Ionen sorgen für eine Ladungsverschiebung, vor allem an den Aminogruppen, was dazu führt, dass innen liegende Abschnitte im Protein nach außen gekehrt werden können, was schlussendlich zum Ausfällen des Proteins führt.

Interessant wäre, ob man durch Neutralisation der Lösung diesen Effekt wieder aufheben könnte und die Denaturierung rückgängig machen könnte.

Abb.1:

von links nach rechts: Reagenzgläser a), b), c), d), e) und f)

Abb.2:

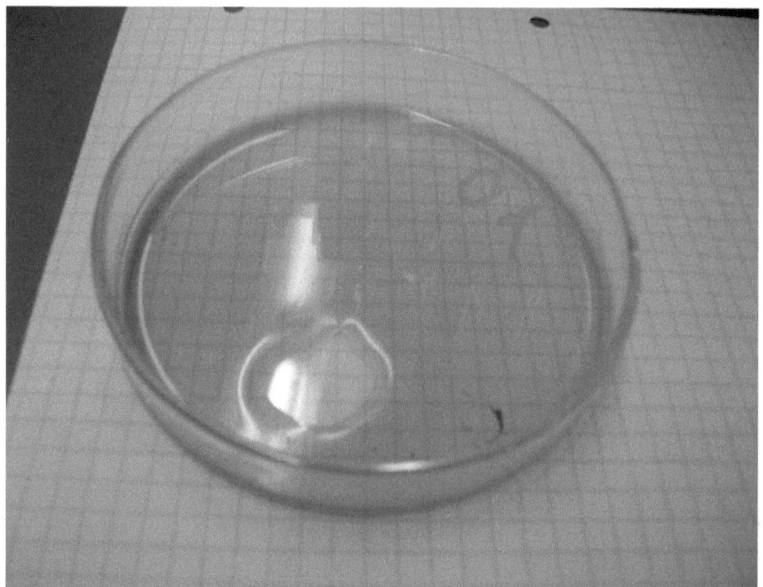

2.2 Kartoffelextrakt in Schälchen

V 3c Enzymaktivität in Abhängigkeit vom pH-Wert

1. Einleitung

Enzyme besitzen jeweils ein spezifisches pH-Optimum. Durch die Protonierung der Seitenketten der Aminosäuren ändert sich die Raumstruktur des Enzyms reversibel und damit auch seine katalytische Aktivität. Damit ebenfalls verbunden ist eine veränderte Substrataffinität und Umsatzgeschwindigkeit. Bis zum jeweiligen pH-Optimum steigt die katalytische Aktivität des Enzyms an, fällt danach, aufgrund der Denaturierung, jedoch wieder ab. In diesem Teilversuch verwendeten wir das Enzym Saure Phosphatase und untersuchten sein pH-Optimum.

2. Material und Methode

Zunächst wurden 500ml einer 0.1 M Natriumacetat-Lösung hergestellt, zu der anschließend tropfenweise Essigsäure gegeben wurde. Bei Erreichen der pH-Werte

6,0; 5,7; 5,4; 5,1; 4,8 und 4,5 wurden 4 mal 10ml der Lösung in Reagenzgläser pipettiert. Anschließend wurde eine 0,2%ige-Lösung 4-Nitrophenylphosphat hergestellt, von der zu allen Reagenzien 1ml pipettiert wurde.

Als nächstes wurde aus Erbsenwurzeln ein Extrakt hergestellt. Dazu wurden ca. 1g zerkleinerte Erbsenwurzeln mit 30ml eisgekühlter NaCl-Lösung gemixt und anschließend filtriert. Das Wurzelextrakt wurde dann zu je 3 der 4 gleichen (pH-Wert) Reagenzien in einem Abstand von 15 Sekunden pipettiert. Nach 30 min. in einem Wasserbad (30°C) wurden dann wiederum im Abstand von 15 Sekunden und in gleicher Reihenfolge wie oben 1ml NaOH (2mol/l) zupipettiert.

Abschließend wurden die Reagenzien mit gleichem pH-Wert photometrisch untersucht.

3. Ergebnisse

pH-Wert	Extinktion (nm)		Mittelwert	Nitrophenol-Gehalt (mM)
6,0 (Null-Wert)				
6,0		0,09		
6,0		0,78	0,081	0,0039
6,0		0,75		
5,7 (Null-Wert)				
5,7		0,092		
5,7	0,089		0,098	0,0047
5,7		0,113		
5,4 (Null-Wert)				
5,4		0,106		
5,4		0,105	0,105	0,005
5,4		0,103		
5,1 (Null-Wert)				
5,1		0,08		
5,1		0,07	0,073	0,0035
5,1		0,071		
4,8 (Null-Wert)				
4,8		0,036		
4,8		0,032	0,034	0,00162
4,8		0,035		
4,5 (Null-Wert)				
4,5		0,008		
4,5		0,012	0,0087	0,00041
4,5		0,006		

Abb. 3: Ergebnisse der Photometrie

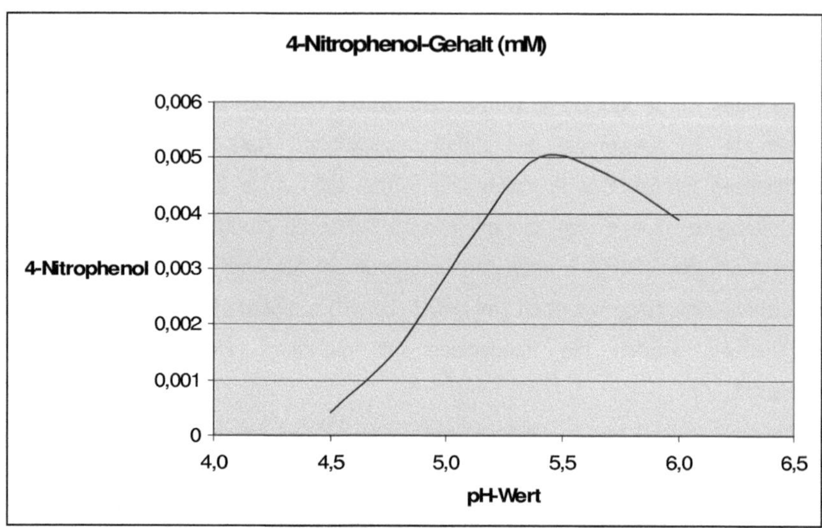

Abb. 4: Graphische Darstellung des 4-Nitrophenol Gehaltes

4. Diskussion

In Abbildung 2 ist gut das pH-Optimum der Phosphatase (ca. bei einem pH-Wert von 5,5) zu erkennen. Das Substrat 4-Nitrophenylphosphat wurde durch die Saure Phosphatase zu 4-Nitrophenol umgesetzt:

$$O_2N-C_6H_4-O-PO_3H_2 + H_2O \longrightarrow O_2N-C_6H_4-OH + H_3PO_4$$

4-Nitrophenol ist im alkalischen Milieu stark gelb gefärbt. Diesen Umstand machten wir uns bei der photometrischen Methode zunutze und konnten mit dem 4-Nitrophenol Gehalt auf die Aktivität der Sauren Phosphatase schließen. Die Phosphatasen katalysieren in Abhängigkeit der Wasserstoffionenkonzentration der Pufferlösung unterschiedlich stark.

V 3d Anthocyanfärbung bei verschiedenen pH-Werten

1. Einleitung

Im Teilversuch 3d wurde die Anthocyanfärbung bei verschiedenen pH-Werten untersucht. Enzyme besitzen ein spezifisches pH-Optimum, bei dem ihre Aktivität am höchsten ist. Dieser Umstand wird von Organismen auch als Möglichkeit genutzt, Katalysationsschritte zu hemmen oder zu unterbinden, indem der pH-Wert im jeweiligen Kompartiment erhöht oder erniedrigt wird.

2. Material und Methode

Als erstes wurden mit einer 0,1 M Phosphorsäure Lösung durch Zugabe von jeweils 0,5ml 2 M NaOH 5 Lösungen mit den pH-Werten 2,0; 6,0; 7,0; 8,0; 10,0 und 12,5 hergestellt. Dann wurden von jeder Lösung 5ml in separate Reagenzgläser pipettiert. Zur Herstellung des anthocyanhaltigen Extraktes wurden 20g Rosenkohlblätter aufgekocht und das Extrakt wurde dann abfiltriert. Anschließend wurden zu jeder der Phosphorsäurelösungen 2,0 ml des Extraktes pipettiert.

3. Ergebnisse

Lösung	pH-Wert
100ml 0,1 M Phosphorlösung	1,19
+ 4,0ml NaOH	2,16
+ 5,5ml NaOH	5,88
+ 7ml NaOH	7,03
+ 8,5ml NaOH	10,36
+ 12ml NaOH	12,53

Abb.1: pH-Werte nach Zugabe der NaOH-Lösung

Der Wert um den pH 8,0 konnte nicht erreicht werden, da es nach dem Zupipettieren auf 8,0ml NaOH einen sprunghaften Anstieg des pH-Wertes gab.

Lösung [pH-Wert]	Farbe
2,16	Hellrot
5,88	Lila
7,03	Blau
10,36	Grün
12,53	Gelb

Abb. 2: Farben nach Zugabe des anthocyanhaltigen Extraktes

4. Auswertung / Diskussion

In diesem Versuch erkennen wir die Abhängigkeit der Phosphataseaktivität vom pH-Wert.

Je mehr NaOH zugegeben wurde, desto mehr verschob sich das Gleichgewicht auf die Seite des Hydrogenphosphat. In der Titrationskurve (Anlage 1) erkennen wir nur einen leichten Anstieg des pH-Wertes bei Zugabe bis 4ml NaOH. Die Pufferwirkung ist hier noch gegeben. Nach der Zugabe von insgesamt 7ml 2 M NaOH dissoziiert das Hydrogenphosphat dann weiter zu PO_4^{3-}. Die unterschiedlichen Färbungen der Lösungen nach Zugabe von anthocyanhaltigem Extrakt sind durch die Abhängigkeit der Phosphataseaktivität vom pH-Wert zu erklären. Das pH-Optimum der Phosphatase liegt, den Färbungen nach, im basischen Bereich, da sich hier die Färbungen deutlicher von der Ausgangsfarbe (Lila) unterscheiden. Dies deutet auf eine höhere Aktivität des Enzyms hin.

V 3e Einfluss der Temperatur auf die Enzymaktivität

1. Einleitung

Es gibt verschiedene Faktoren, die die Geschwindigkeit von chemischen Reaktionen erhöhen können. Dazu zählt unter anderem die Temperatur. Auch Enzymreaktionen hängen von der Temperatur ab. So weist jedes Enzym ein Temperaturoptimum auf, das in den meisten Fällen zwischen 40°C und 60°C liegt. Bis zu dieser Temperatur nimmt die Reaktionsgeschwindigkeit stetig zu. Da die meisten Enzyme jedoch Proteine sind, werden sie bei einem bestimmten Temperaturbereich - in den meisten Fällen bei etwa 60°C - zum Teil irreversibel denaturiert; es kommt zum Stillstand der Reaktion.

Im folgenden Versuch wird der Einfluss der Temperatur auf die Enzymwirkung am Beispiel der Katalase von Hefezellen demonstriert, welche Wasserstoffperoxid unter Bildung von Sauerstoff zersetzt.

2. Material und Methode

Als erstes wurden aus 12,5 ml 30%iger Wasserstoffperoxidlösung und 112,5 ml Phosphatpuffer pH 7,5 125 ml einer 3%igen Wasserstoffperoxidlösung hergestellt. Danach wurden je 25 ml dieser Lösung in vier Saugreagenzgläser gefüllt, die anschließend in je vier vorgewärmte Wasserbäder mit den Temperaturen 45, 50, 55, 60°C gestellt wurden. Aus 1,5 g Hefe wurde dann mit 20 ml Phosphatpuffer pH 7,5 die Hefesuspension hergestellt und gründlich gemischt. Danach wurde ein Kolbenprober mit einem Gummischlauch nacheinander an die Saugreagenzgläser angeschlossen, welche mit durchbohrten Gummistopfen verschlossen wurden. Dann wurden 0,5 ml der Hefesuspension mit einer Brand-Transferpette in die Saugreagenzgläser gespritzt. Die gebildete Sauerstoffmenge wurde jeweils nach 30, 60, 90, 120, 150 und 180 Sekunden am Kolbenprober abgelesen.

3. Ergebnisse

Bei den Temperaturen 55°C und 60°C hat sich der Kolbenprober überhaupt nicht verschoben. Bei 50°C konnten minimale Sauerstoffmengen abgelesen werden, wohingegen bei 45°C eine deutliche Sauerstoffbildung zu erkennen war.

	30 sec	60 sec	90 sec	120 sec	150 sec	180 sec
45°C	0,5 ml	2 ml	11 ml	23 ml	31 ml	41 ml

50°C	0,5 ml	0,75 ml	0,75 ml	1 ml	1 ml	1 ml
55°C	0 ml	0 ml	0 ml	0 ml	0 ml	0 ml
60°C	0 ml	0 ml	0 ml	0 ml	0 ml	0 ml

Abb. 3: Ergebnisse der Sauerstoffmessung

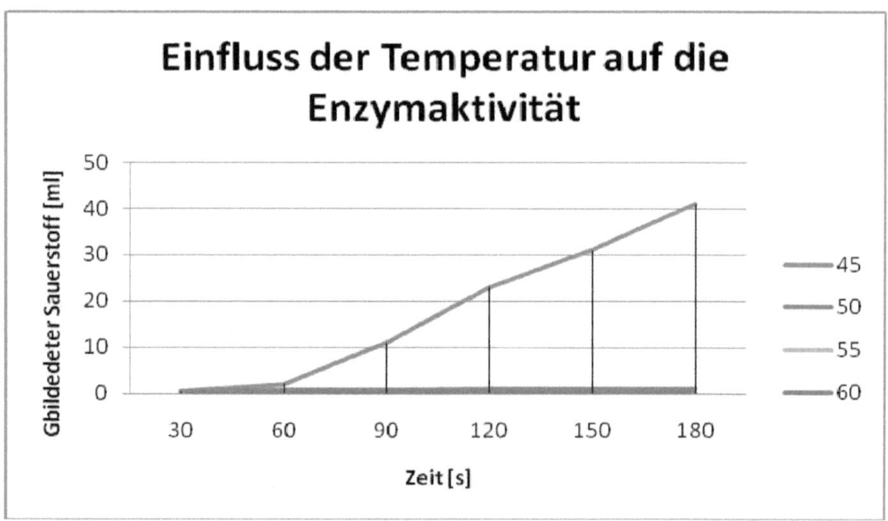

Abb. 4: Graphische Darstellung der Ergebnisse

4. Diskussion

Da nur bei einer Temperatur von 45°C eine deutliche Sauerstoffproduktion stattgefunden hat, liegt das Temperaturoptimum der Katalase scheinbar bei 45°C. An dem Graphen (Abb. 4) kann man sehen, dass mit zunehmender Reaktionsdauer die Sauerstoffproduktion enorm ansteigt. Das liegt daran, dass die Messung der Sauerstoffbildung unmittelbar nach Zufügen der Hefesuspension, die bei Raumtemperatur aufbewahrt wurde, begonnen wurde. Nach 30 Sekunden war die Hefesuspension noch nicht so stark erwärmt, erst nach einer Minute sieht man einen deutlichen Anstieg der Sauerstoffproduktion, d.h. dass die Enzymaktivität der Katalase mit steigender Temperatur immer mehr zugenommen hat. Mit zunehmender Zeit hat sich die Katalase immer mehr erwärmt, deswegen ist nach drei Minuten die gemessene Sauerstoffmenge am höchsten. Bei 50°C ist nur noch eine sehr geringe Sauerstoffproduktion zu verzeichnen, die Optimumkurve der Katalase ist hier stark am Fallen. Da bei 55°C und 60°C gar keine Sauersoffbildung zu erkennen ist, muss die Katalase bei diesen Temperaturen denaturiert worden sein. Unter Denaturierung versteht man die Inaktivität eines Enzyms, die durch die Entfaltung der Proteine hervorgerufen wird. Das Enzym liegt dann nur noch in der Primärstruktur und nicht wie sonst in der Tertiär- bzw. Quartärstruktur vor. In der Primärstruktur liegt zwar die Information für die Faltung des Proteins, doch kann es in dieser Form keine enzymatischen Reaktionen katalysieren (vgl. CAMPBELL, N.A. (⁶2003): Biologie. Berlin).

V 3f Aussalzen von Proteinen

1.Einleitung

Bei diesem Versuch nutzt man aus, dass Proteine (wegen ihrem Aufbau aus Aminosäuren) Ampholyte sind und sich an ihrem IEP leicht ausfällen lassen. Der Vorteil neben der Möglichkeit unterschiedliche Proteine aufgrund ihrer unterschiedlichen IEP's zu trennen liegt darin, dass die Proteine nicht, wie das bei hohen Temperaturen oder sehr hohen bzw. sehr niedrigen pH-Werten der Fall wäre, vollständig denaturiert werden und ihre katalytischen Eigenschaften behalten.
In diesem Versuch sollen die Proteine einer Kartoffelknolle ausfällen und nachweisen, im Speziellen die Phenoloxidase.

2. Methode und Material

50g gewaschene, geschälte und gewürfelte Kartoffeln wurden mit 50ml Citrat-Phosphat-Puffer (pH 4,5) mit einem Mixstab fein zerkleinert und anschließend filtriert. Von dieser Rohlösung wurden 3ml für den Phenoloxidasenachweis sowie die Biurethreaktion abgezweigt. In 30ml Rohlösung wurden 12g Ammoniumsulfat unter ständigem Rühren aufgelöst und der ganze Ansatz anschließend hochtourig zentrifugiert, um die Proteine zu isolieren. Das Präzipitat wurde in Phosphatpuffer (pH 7,5) gelöst.

Anschließend wurden folgende Lösungen angesetzt:

Je 2,5ml DOPA-Lösung wurden zu

    a) 0,2ml Proteinrohlösung

    b) 0,2ml Zentrifugierüberstand

    c) 0,2ml gelöstem Präzipitat

    d) DOPA Kontrollösung

gegeben und gemischt.

Je 2ml

    a) Proteinrohlösung

    b) Zentrifugierüberstand

    c) Gelöstes Präzipitat

    d) Aqua dest.

wurden jeweils mit 2ml Fehling II und 2 Tropfen Fehling I versetzt und gemischt. Die Ansätze wurden mehrere Minuten stehen gelassen.

3. Ergebnisse

DOPA-Lösung a) verfärbte sich kräftig orange, wobei sich an der Oberfläche ein dunkler Niederschlag absetzte. Genauso, aber noch etwas kräftiger färbte sich DOPA-Lösung c). Lösungen b) und c) blieben farblos. (vgl. Anlage I)
Biurethlösung a) verfärbte sich leicht trüb purpurn. Noch stärker und ins gleicher Weise verfärbte sich Biurethlösung c). Biurethlösungen b) und d) verfärbten sich dagegen leicht blau.

4. Auswertung/Diskussion

Die Verfärbung der DOPA-Lösungen a) und c) zeigen, dass die Phenoloxidasen das Dihydroxyphenylalanin umgesetzt hat, was den Farbumschlag bewirkte. Durch das Zentrifugieren wurden alle größeren Moleküle aus der Lösung entfernt inklusive der Proteine. Daher fehlte auch die Phenoloxidase und es erfolgte kein Umsatz von DOPA, was mit der Kontrolle vergleichbar ist
Die Verfärbungen der Biurethlösungen sind ein Nachweis für Proteine. Es ist ein Kupfer (II)-Komplex entstanden, welcher rotviolett ist.

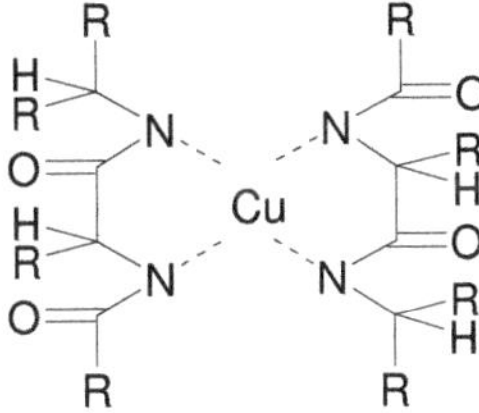

Protein-Kupfer-Komplex

Die stärker rotstichige Verfärbung der Proteinrohlösung a) beruht auf der höheren Verdünnung der Proteine sowie die Anfärbung der Stärke, die in dieser Lösung noch vorhanden ist. Dabei wird rotes Kupfer (I)-oxid gebildet. Dieses wird in Lösung c) durch die hohe Konzentration an Proteinen überdeckt.

Die Blaufärbungen von Lösung b) und c) stammen lediglich aus der Fehling I Lösung (blaues Kupfersulfat). In diesen Lösungen sind keine Proteine anwesend.

V 3g Substratspezifität der Urease

1. Einleitung

Jedes Enzym weist eine eigene Substratspezifität auf. So gibt es Enzyme, die nur ein bestimmtes Substrat umsetzten. Andere Enzyme dagegen sind in der Lage, verschiedene Substrate mit ähnlichen Strukturen In Ihrem aktiven Zentrum zu binden. Urease ist ein Enzym, das eine sehr hohe Subtratspezifität aufweist, d.h. dass es nur ein bestimmtes Substrat, nämlich Harnstoff, in seinem aktiven Zentrum bindet und in Ammoniak und Kohlendioxid spaltet.

2. Material und Methode

Zuerst wurden 1,5 g Sojabohnen zerkleinert. Von diesem Samenpulver wurde dann 1 g mit 20 ml Aqua dest. auf dem Magnetrührer gemischt, um einen ureasehaltigen Extrakt zu erhalten. Anschließend wurden 25 mg Harnstoff bzw. Thionharnstoff in je 10 ml Aqua dest. gelöst und mit 0,1 ml Phenolphtalein versetzt. Dann wurden zu den beiden Lösungen je 0,2 ml von dem ureasehaltigen Extrakt gegeben.

3. Ergebnisse

Ca. 5 Sekunden nach Zugabe des Phenolphtalein zu der farblosen Harnstofflösung hat diese eine hellrosa Farbe angenommen. Nach wenigen Minuten war die Lösung dunkelrosa. Die farblose Thionharnstofflösung dagegen hat sich während der Beobachtungszeit überhaupt nicht verfärbt.

4. Diskussion

Da nur bei der Harnstofflösung eine Farbänderung stattgefunden hat, bei der Thionharnstofflösung hingegen nicht, ist der ureasehaltige Extrakt offensichtlich nur mit dem Harnstoff eine Reaktion eingegangen.

Der bei der Harnstoffspaltung entstandene Ammoniak(NH_3) hat mit H_2O zu NH_4OH bzw. $NH_4 + OH^-$ reagiert, wodurch die Lösung alkalisch wurde. Dies konnte mit dem Phenolphtalein nachgewiesen werden, weil dieser Indikatorfarbstoff in einem schwach alkalischen Bereich nach rot umschlägt. Da die Thionharnstofflösung keine Farbe angenommen hat, kann die Lösung nicht alkalisch gewesen sein. Der Grund dafür ist, dass Thionharnstoff von der Urease nicht in Ammoniak und Kohlendioxid gespalten worden ist und demnach in der Lösung kein Ammoniak zur Verfügung stand, der mit H_2O zu NH_4OH bzw. $NH_4 + OH^-$ hätte reagieren können. Obwohl Harnstoff und Thionharnstoff strukturell sehr ähnlich sind, kann Urease nur Harnstoff umsetzen, weil der Atomradius des Schwefelatoms vom Thionharnstoff größer als der Atomradius des Sauerstoffs vom Harnstoff ist und somit der Thionharnstoff nicht in das aktive Zentrum der Urease „passt".

V 3h Dialyse: Demonstration des Prinzips einer Methode

1.Einleitung

In Versuch 3h wurde die Dialysefunktion einer Cellophanmembran untersucht. Membranen sind oftmals aufgrund ihrer Porengröße durchlässig bzw. undurchlässig für verschieden große Moleküle. Aufgrund dieser Tatsache können kleinere Moleküle wie bestimmte Ionen durch eine Membran diffundieren, wohingegen hochmolekulare Proteine wie zum Beispiel Enzyme nicht durch die Membran passen.

2. Material und Methode

Zunächst wurde in 20ml Phosphatpuffer (pH 7,5) eine 5mM DOPA Lösung hergestellt. Anschließend wurden 3g gewaschene, ungeschälte Kartoffeln mit 30ml Phosphatpuffer (pH 7,5) gemixt und anschließend wurde das Extrakt filtriert. Das Extrakt wurde dann in 2 Cellophanbeutel gefüllt. Der eine wurde in 20ml DOPA Lösung und der andere in 20ml Phosphatpuffer gestellt und die Entwicklung wurde 30 Minuten lang beobachtet.

3. Ergebnisse

Nach 5 Min.:

Starke rötliche Färbung des Extraktes in der DOPA Lösung. Keine Färbung beim Kontrollansatz.

Nach 15 Min.:

Die Färbung des Extraktes ziehte sich auch in die DOPA Lösung hinein.

Nach 30 Min.:

Die Farbe der Färbung wandelte sich ins Dunkelrot bis Bräunliche.

4. Auswertung / Diskussion

Das Dihydroxylphenolalanin ist durch die Phenoloxidasen des Extraktes oxidiert und färbte sich rötlich braun. Die Cellophanmembran wirkte hier wie eine Dialysemembran. Die Färbung war zu Beginn nur innerhalb des Cellophanbeutels zu erkennen. Das ist mit der Permeabilität der Cellophanmembran zu erklären. Sie ist für die DOPA Moleküle durchlässig, nicht jedoch für die hochmolekularen Strukturen der Phenoloxidasen. Später diffundierte dann das oxidierte DOPA wieder zurück nach außen und färbte so auch die Lösung außerhalb der Membran bräunlich.

Literaturverzeichnis

CAMPBELL, N.A. ([6]2003): Biologie. Berlin.

RICHTER, G. (1996): Biochemie der Pflanzen. Thieme Stuttgart und New York.

HESS, D.([9]1991): Pflanzenphysiologie.

MUNK, K. (2001): Grundstudium Biologie: Botanik. Heidelberg und Berlin.

NULTSCH, W. ([11]2001): Allgemeine Botanik, Stuttgart.

OREAR, J. (1979): Physik. München.

VOLLMER, W. et al ([2]1995): Natura. Stuttgart.